自然中的智慧

天生伪装者

临 渊 **著** 梦堡文化 **绘**

河北出版传媒集团　河北少年儿童出版社

图书在版编目（CIP）数据

天生伪装者 / 临渊著；梦堡文化绘 . — 石家庄：
河北少年儿童出版社，2022.1（2022.2 重印）
（自然中的智慧）
ISBN 978-7-5595-4671-5

Ⅰ. ①天… Ⅱ. ①临… ②梦… Ⅲ. ①自然科学－少
儿读物 Ⅳ. ① N49

中国版本图书馆 CIP 数据核字（2021）第 261236 号

自然中的智慧

天生伪装者
TIANSHENG WEIZHUANG ZHE

临 渊 **著** 梦堡文化 **绘**

策　　划	段建军　蒋海燕　赵玲玲		
责任编辑	尹　卉	特约编辑	姚　敬
美术编辑	牛亚卓	装帧设计	杨　元

出　　版	河北出版传媒集团　河北少年儿童出版社
	（石家庄市桥西区普惠路 6 号　邮政编码：050020）
发　　行	全国新华书店
印　　刷	鸿博睿特（天津）印刷科技有限公司
开　　本	889 mm×1 194 mm　1/16
印　　张	3
版　　次	2022 年 1 月第 1 版
印　　次	2022 年 2 月第 2 次印刷
书　　号	ISBN 978-7-5595-4671-5
定　　价	39.80 元

目录

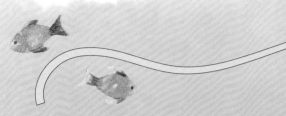

春天的阳光温暖而明媚，在天空的一角，远远飞来了四只年轻的雄角蜂（角蜂是一种体形较大的胡蜂），它们正急匆匆地扇动着翅膀，忙着赶路呢。

猜猜看，这些雄角蜂去找谁呢？

悄悄告诉你，它们找的正是雌角蜂。

这些雄角蜂远远地闻到了雌角蜂散发出来的气味，那是一种特殊的味道，可以让雄角蜂感知到雌角蜂的位置。

雄角蜂追逐着雌角蜂

终于，这几只雄角蜂到了目的地。这是一片茂密的草丛，其中有许多"雌角蜂"正在微风中跳舞，它们展开两对翅膀，光溜溜的后背闪着蓝色的光泽，身体的边缘还有一圈褐色的短毛，真是美丽极了！

盛开的角蜂眉兰花朵看起来像是雌角蜂

雄角蜂看到这些"雌角蜂"后，便迫不及待地飞了过去。然而，可怜的雄角蜂，它们哪里知道，这些美丽的"雌角蜂"其实是角蜂眉兰，它们把自己扮成雌角蜂的模样，还散发出和雌角蜂几乎完全一样的气味，目的就是为了骗雄角蜂前来，利用雄角蜂将自己的花粉带走，并传给其他角蜂眉兰。

被角蜂眉兰"骗来"的雄角蜂

携带着花粉的雄角蜂飞向另一个假雌蜂

角蜂眉兰是生活在地中海沿岸地区的兰科植物，它们喜欢成群地生活在一起。除了像角蜂眉兰这样假扮雌角蜂的，兰科植物中还有很多"骗子"，它们没有花蜜，却假装自己有花蜜，欺骗昆虫（如蜜蜂）跑来寻找花蜜，结果什么好吃的也没有找到，还白白为它们传粉。

兰科植物是一个很古老的家族，科学家认为，它们起源于白垩纪晚期，也就是说，兰科植物曾经和恐龙一起生活过哦。

生活在白垩纪晚期的三角龙

1

生石花

非洲南部的荒漠地区又干又旱，还常常刮风，因此，这儿最多的是石头。可是，如果你蹲下来，仔细看一看那些石头，嘿，你发现了什么不一样？

没错，这些大大小小的石头中还夹杂着一些神奇的植物呢。它们几乎都是小小的、胖胖的，颜色暗淡，简直和周围那些碎石块一模一样。这些植物有个很形象的名字，叫作生石花。

生石花长得和各种石头几乎一样，这样，荒漠上那些饥肠辘辘的食草动物才看不到它，避免被吃掉。

地松鼠在寻找食物

植物和动物一样，也需要睡觉，生石花也不例外，不过，植物的睡觉称为休眠。生石花会在旱季"少吃少喝"，努力睡大觉，因为旱季最难熬，它们已经养成习惯啦。不用担心，旱季的生石花绝不会饿死或渴死，因为它们那胖胖的身体其实是它们的变态叶，既是它们的"水银行"，也是"养分仓库"，能提供很多水分和养分呢。

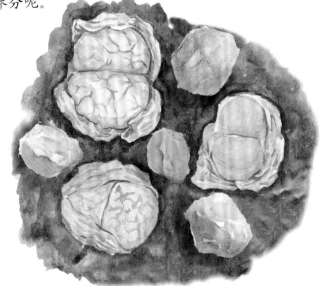

旱季过后，从老叶中间长出新叶，老叶枯萎

生石花之所以名字里有花，是因为它们真的会开花。在它们生活的非洲南部荒漠里，一旦短暂的雨季到来，生石花就会抓紧时间，从顶部的裂缝处开出鲜艳又美丽的花，吸引昆虫前来传粉，然后，又赶紧恢复原样。它们可不想被食草动物发现！

开出花朵的生石花

多肉植物中的"宠儿"生石花

由于生石花模样奇特，习性有趣，现在，世界上很多地方都种植它们。生石花成了人们的"宠儿"。

3

菜青虫

嘿，这是一块油菜地，里面藏着很多菜青虫，你能找到它们吗？

找啊找，在绿色的油菜叶上，躲着几条胖乎乎、肉嘟嘟、翠绿翠绿的菜青虫。

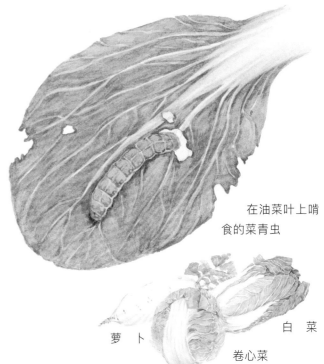

在油菜叶上啃食的菜青虫

菜青虫的颜色简直和油菜叶一模一样，它们的身上还有像叶脉一样的浅色条纹，难怪很难发现它们呢。

其实，这是菜青虫保护自己的一种方式，称为保护色，有了这样的伪装才不会被小鸟轻易发现并吃掉。

萝卜　　白菜
卷心菜

菜青虫特别喜欢吃十字花科植物鲜嫩的叶片。十字花科的植物有很多，像我们常吃的萝卜、白菜、卷心菜、油菜等都是十字花科植物，它们的花朵总是有四片花瓣，像"十"字一样对称分布，十分精致。

油菜花　　　　　　萝卜花

菜青虫的妈妈是菜粉蝶，它总是把小小的、淡黄色的卵产在植物的叶背面，这样，它的"孩子们"孵出来之后嘴边就有现成的食物啦。

不同颜色的蛹

在度过幼虫期，准备化蛹之前，菜青虫会努力爬到其他植物或杂物上去，然后变成一动不动的蛹。蛹的颜色往往也和环境很相似，有绿色的、淡褐色的，还有灰黄色的，这也是它们保护自己的一种方式。

菜粉蝶产卵

菜青虫分布广泛，对农作物的危害也比较严重，往往成为白菜、芥兰等蔬菜的一大"杀手"。

柑橘凤蝶幼虫

哎呀，这是什么？柑橘叶子上怎么会有一坨一坨脏兮兮的鸟粪？再仔细看一看，它们居然还会动哦！

这些会动的"鸟粪"的真实身份是柑橘凤蝶的低龄幼虫。

这些小家伙不久之前刚刚从卵里"爬"出来，吃掉了卵壳——也就是柑橘凤蝶妈妈留给它们的第一顿美餐，然后才开始自己寻找食物吃。

柑橘凤蝶总是把卵产在芸香科植物最嫩的叶子上，因为它的宝宝爱吃的是芸香科植物，比如柑橘、花椒等。

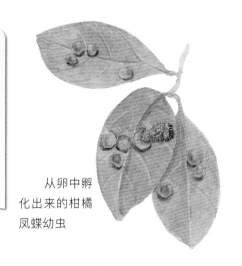

从卵中孵化出来的柑橘凤蝶幼虫

蜕皮中的柑橘凤蝶低龄幼虫

昆虫在还是幼虫的时候，往往会蜕几次皮，每蜕一次皮，就长大一些。我们常常把刚从卵里孵化出来的幼虫称为一龄幼虫，第一次蜕皮后的幼虫称为二龄幼虫，以此类推。

柑橘凤蝶低龄幼虫伪装成鸟粪的样子

柑橘凤蝶高龄幼虫

柑橘凤蝶的低龄幼虫扮成鸟粪的样子，也是一种伪装，因为那些爱吃虫子的小鸟一看到它们，便没有了胃口，更不会吃掉它们，这样幼虫就保住了小命。

等柑橘凤蝶幼虫变成高龄幼虫时，它就不再假扮成黑褐色的鸟粪了，而是变得嫩绿嫩绿的，头上还长出了两个黑色的斑点，像是一对眼睛，身上也长出了一些带状花纹，看起来像是一条迷你蛇。

一旦遇到危险，高龄幼虫还会像蛇吐信子一样，从皮肤下挤出黄色或红色的"Y"形腺体，并且释放出一股不太好闻的味道，试图熏走那些打算捕食它的天敌。不过，有时候它们会成功，有时候也会失败。

柑橘凤蝶

柑橘凤蝶最喜欢在阳光下慢慢地飞舞，在不同的花朵上快乐地吸食花蜜。

枯叶蝶

快看啊，这棵葱绿的树上，怎么长了几片枯叶？看起来真别扭。然而，一阵风吹过，有一片"枯叶"却突然张开双翅，飞走了！

原来是枯叶蝶啊！

枯叶蝶最擅长的就是伪装成枯叶了。

当枯叶蝶停落的时候，它合起翅膀，无论是颜色还是模样，都和一片枯叶一模一样，而且它的伪装上甚至还有叶脉、污点和虫洞。枯叶蝶就是用这种伪装术骗过小鸟等天敌的眼睛。

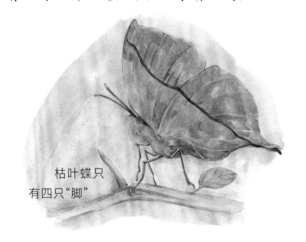

合起翅膀的枯叶蝶就像一片枯叶

当然，枯叶蝶的这种伪装偶尔也有不灵的时候。不过，枯叶蝶也不在乎，它还有第二招呢，那就是突然张开翅膀，露出翅膀正面彩色的花纹，用忽然出现的鲜艳颜色吓对方一跳，然后趁机逃之夭夭。

张开翅膀的枯叶蝶，露出双翅正面的花纹

仔细观察枯叶蝶后，可能会觉得奇怪：昆虫的成虫不是都有六只"脚"吗？为什么枯叶蝶只有四只呢？哈哈，那是因为枯叶蝶有一对"脚"退化了，几乎看不到。

枯叶蝶只有四只"脚"

枯叶蝶并不是只在秋天树叶枯黄的时候才出现，它们一般生活在温暖潮湿的森林里，栖息于溪流旁边阔叶树的叶子上。在亚洲的热带、亚热带地区，都有它们的身影。

枯叶蝶喜欢的食物和很多蝴蝶都不一样，在它们的菜单上，既有树液、腐烂的果实，还有动物的粪便，真是重口味呀！

枯叶蝶吸食腐烂果实的汁液

枯叶蝶的卵

枯叶蝶常常把卵分散产在树干、树枝、树叶，甚至石头上，这些卵就像一个个小小的绿球，晶莹可爱，上面还有一道道白色的竖线。

桦尺蠖

现在是"数棍棍"时间，让我们数一数，这张图里一共有多少根小木棍？

呀，有一根小木棍怎么拱起来了？难道它会动吗？如果能动，那它是什么动物呢？

桦树树枝上的桦尺蠖

没错，它是一种动物。你可能不知道，它其实是桦尺蠖（huò），一种很有趣的昆虫幼虫。它的周围还有几个小伙伴呢。

由于桦尺蠖走起路来身体一拱一拱的，就像人们用手指丈量距离一样，而且喜欢生活在桦树上，因此得名。

对桦尺蠖来说，最重要的任务是努力吃饭长大，当然，躲避天敌也很重要——要知道，很多吃肉的昆虫和小鸟都拿它们当大餐呢。

桦尺蠖啃食桦树叶

一只山雀紧盯着直挺挺的桦尺蠖

没办法，桦尺蠖只好扮成一根细长的小木棍，还有纹路的哦。桦尺蠖一旦遇到危险，就用短小的腹足紧紧抓住枝条，身体绷直，变得直挺挺的，这时候即使你用手去碰它，它也会顽强地一动不动。

桦尺蠖刚从卵里孵出来的时候，又黑又小，风一来，很容易就被吹走了。但不管它落到哪里，体色都会变得和周围的环境一样，因此，桦尺蠖有绿色的、灰色的、棕色的，还有黑色的。

桦尺蛾

科学家发现，桦尺蠖可以依靠眼睛和皮肤来"看"东西，不过，他们还没有搞清楚桦尺蠖到底是如何利用皮肤来"看"周围世界的。

桦尺蠖经过一次次蜕皮之后，会变成蛹藏在土壤里。一段时间之后，它会羽化

不同颜色的桦尺蠖

成功，变成桦尺蛾。桦尺蛾喜欢白天在树上休息，夜间飞出来觅食，所以白天很难看见它。

一丛丛兰花竞相开放，在长长的花枝上点缀着一朵朵艳丽的花朵。

看！兰花深绿色的大叶子上居然有朵漂亮的粉红色兰花，真是奇怪！

悄悄告诉你，叶子上的可不是真的兰花，而是大名鼎鼎的兰花螳螂，很珍贵的哦。找找看，花丛中还有其他隐藏的兰花螳螂吗？

兰花螳螂

等待蜜蜂前来的兰花螳螂　　用前足捕获蜜蜂

兰花螳螂那白里透着粉的体色、膨大的腿节、腹部上很像花蕊的条纹，这些特征都使得它整个看起来如同一朵娇嫩的兰花。为了确保自己更像一朵花，更具有吸引力，当它待在一株植物上时，还会轻轻摇动，像极了随风摇摆的兰花。

扮成兰花的兰花螳螂，可以吸引它的猎物——主要是各种昆虫，尤其是喜欢采蜜的蝴蝶、飞蛾和蜜蜂——前来授粉。只要那些"倒霉"的猎物经过它的身边，兰花螳螂就会突然全身立起，举起镰刀一样的前足，迅速将对方捕获，痛痛快快地美餐一顿。有时候，兰花螳螂也会借此伪装，从它的天敌眼皮子底下蒙混过关。

布满利刺的捕捉足

和其他螳螂一样，兰花螳螂的前足也已经完全失去行走的功能，特化成了一对布满利刺的捕捉足，看上去像镰刀一样。兰花螳螂每天都要花费很多时间去打理它的前足，原因很简单，那可是它捕猎的工具。

兰花螳螂妈妈会把卵产在一个"育儿袋"里，这个"育儿袋"被称为螵蛸（piāo xiāo），结实又可靠，可以更好地保护卵。

兰花螳螂产下的螵蛸

兰花螳螂并不只待在兰花的花丛里。在它们的老家——东南亚的热带丛林里，兰花螳螂穿行于开着白色或粉红色花朵的植物之间，还会出现在绿色的灌木丛和矮树丛里。

竹节虫

现在，是寻找竹节虫的时间，它们就藏在下面的这幅图里。请你一定、一定要睁大眼睛，看看到底能找出几只竹节虫来？

悄悄告诉你，一共有七只呢。请问你找到了几只？是不是没有全部找出来？

没关系，因为竹节虫实在是太会骗人啦！白天，它们喜欢待在树枝上，摆出和这株植物的枝条很像的姿势，然后纹丝不动——除非刮风的时候，每当这时，竹节虫就会跟着枝条一起摇摆。竹节虫的体色总是和周围的植物十分相似，因此，看起来如同这株植物的一部分一样。

橡树枝上的竹节虫

竹节虫之所以这样，目的只有一个——不要被那些精明的猎手发现，更不要被吃掉。因为很多鸟、螳螂、蜥蜴，甚至猴子等都把竹节虫当成好吃的零食之一。

灰卷尾鸟妈妈将捕获的竹节虫喂给幼鸟

全世界的竹节虫种类非常多，它们有的又细又长，像竹枝或枯枝；有的又粗又短，像植物的叶子，也叫叶子虫，但无论哪一种，都精通伪装。

叶子虫

蚂蚁搬运竹节虫的卵

有些种类的竹节虫在还是一枚卵的时候，看起来就像一粒小小的种子，一端还有一个小球。蚂蚁见到之后，总会把这些卵运回蚁穴，然后吃掉美味的小球，把剩下的部分丢进巢穴里的垃圾堆。在那儿，这些卵起码可以躲开鸟儿的嘴啦。

大多数竹节虫没有翅膀，它们的"腿"很细，也很脆，很容易折断，因此它们不能快跑，更不能远行，有些竹节虫甚至会在同一株植物上度过一生。

竹节虫喜欢吃新鲜的叶子，碰上枯萎的叶子，它们宁愿饿肚子也不会吃。

蚁 蛛

草丛中，一群蚂蚁正在寻找食物。一只比其他蚂蚁都大一些、看上去长得有点儿特别的怪蚂蚁，挥舞着"触角"走在最后边。

嘿嘿，你的眼力不错。

这最后一只"怪蚂蚁"其实是一只蚁蛛，它是一种蜘蛛。

虽然蚁蛛的身体修长而光滑，似乎拥有明显的头部、胸部和腹部三部分，但它的头部和胸部其实是一体的，也就是说，蚁蛛只分为头胸部和腹部两部分。还有，蚁蛛有四对足，但它总是用后面的三对足行走，将第一对足举过头顶，一摇一摆的，假装是蚂蚁的触角，但如果你仔细看的话，会发现这家伙的"触角"有些粗。

蚁蛛

蚂蚁

蚁蛛利用蛛丝从叶片上垂下

可是，蚁蛛的伪装一旦暴露，就会遭到蚂蚁们的围攻，这时它会从一片叶跳到另一片叶上，与此同时，还像真正的蜘蛛那样用吐丝的方法来逃命。

有人认为蚁蛛扮成蚂蚁的样子，可以降低被吃掉的概率。大自然中，捕食蜘蛛的动物相当多，而蚂蚁因为能召集整巢的同伴来打架，又有大颚，还会分泌蚁酸，所以除了某些特定的捕食者外，大部分动物都对吃蚂蚁没有兴趣。

作为蜘蛛家族的一员，蚁蛛会在跳跃时从尾部拉出一条细细的丝充当安全绳。此外，蚁蛛还会织网，它们的网大多结在树叶上，这大约是因为蚁蛛喜欢在林间、田地中生活的缘故。

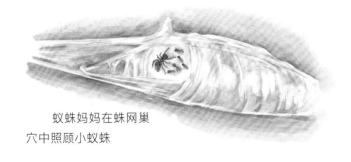

蚁蛛妈妈在蛛网巢
穴中照顾小蚁蛛

蚁蛛大部分时间都在地面上活动，最喜欢做的事儿就是混在各个蚁群里。一旦有蚂蚁过来用触角互相探测确认身份，蚁蛛就趁机抱住对方，注入毒液，然后将蚂蚁悄悄拖走，慢慢享用。除此之外，蚁蛛还会吃其他小昆虫或其他蜘蛛的卵等。

蚁蛛捕捉蚂蚁

蚁蛛在树叶上结网

蚁蛛的种类有很多，它们生活在世界各地的热带森林里。据说，有种蚁蛛还有哺乳行为呢。研究发现，蚁蛛妈妈会从腹部分泌出一种类似乳汁的液滴，喂给蚁蛛宝宝吃，而且蚁蛛妈妈还会清洁巢穴，让"孩子们"在健康卫生的环境中长大。

枯叶龟

阴暗的河水里，水草轻轻摇晃，枯枝、树皮还有落叶静静散落在水底……

一切都安静而美好。然而，水底的一片看似普普通通的枯叶却突然向前伸了一下，是我们眼花了吗？

枯叶龟

这片"叶子"的真实身份是枯叶龟，它最喜欢和最常做的事儿就是装成一片落叶，静静地躲在浅浅的水底，默默等待猎物路过，然后趁机捕食。

枯叶龟只吃活食，如活的虫子、小鱼、小虾等，而且饭量不大。事实上，它往往吃一次饭需要消化好几天，也不轻易拉便便，但一拉就是一大堆。

请再等待一下吧！也许要不了多久，那片"枯叶"还会动呢。到那时，就可以看清它的真面目了——枯叶色的三角形脑袋又扁又平，上面长满了小肉瘤（liú）、褶（zhě）皱和触须，再配上宽宽的大嘴、小小的眼睛，看上去颇似一片枯叶；它的长鼻子几乎和枯叶的叶柄一模一样，而它坑坑洼洼的背甲像湿透了的树皮——难怪它一动不动地待在水里的时候，很难被发现呢。

枯叶龟的嘴巴不能咀嚼，它吃饭的时候是这样的：伸出头，张开大嘴，像吸尘器一样，将路过的猎物和水一起吸入嘴里，然后闭上嘴，水慢慢喷出，猎物则被它整个吞了下去。

枯叶龟静待猎物靠近

枯叶龟张开嘴将小虾和水一同吸入

枯叶龟拥有一个较长的、酷似吸管一样的鼻子。这样一来，它待在浅水里就可以不露头只伸出鼻子来呼吸啦。

枯叶龟的长鼻子伸出水面呼吸

人们潜水时通过换气管呼吸

作为古老的爬行动物之一，枯叶龟的一生基本都生活在水里，但它的游泳能力却很一般，只能在水底慢慢爬行。

考验眼力的时刻到了！

下图的树干上除了苔藓、地衣之外，还趴着一只可爱的地衣叶尾守宫，你能找到它吗？

左看右看，上看下看。嘿，如果你依然找不到，那也不足为奇。因为地衣叶尾守宫实在是太精于伪装了。

悄悄地告诉你，
它躲在这里。

地衣叶尾守宫是非洲马达加斯加岛的忠实居民，长得十分像一片地衣，它还总是贴在长着苔藓和地衣的树上，一整天都一动不动。它的身体和尾巴又扁又平，即使趴在树上也不怎么增加树皮的厚度，它的头部和四肢边缘还有小突起，可以散射光线减少阴影。

地衣叶尾守宫

地衣叶尾守宫靠这种完美的伪装，将它的天敌还有猎物骗得团团转。

更令人迷惑的是，即使见过它的人也常常说不准它的体色，因为它会根据周围环境而变换身体的颜色，可能是深绿色、灰褐色、深棕色或灰白色。这个特点和它的亲戚变色龙很像。

变色龙

地衣叶尾守宫靠它的伪装骗过蛇的捕食

地衣叶尾守宫是壁虎家族的一员，喜欢白天趴在树上休息，晚上才冒险行动，寻找食物。和大多数壁虎一样，地衣叶尾守宫也喜欢吃活物，比如蜘蛛、蟋蟀、蚊子等。

雌性地衣叶尾守宫有个很奇怪的饮食喜好——吃蜗牛。据说，这是为了补充产卵时身体流失的钙，而雄性地衣叶尾守宫却没这个嗜好。

没错，地衣叶尾守宫是卵生的。每到产卵季节，地衣叶尾守宫妈妈会在落叶上产下 2 ~ 4 个卵，然后继续过自己的小日子。至于卵会不会孵化，会不会遭遇危险，它才不管呢。

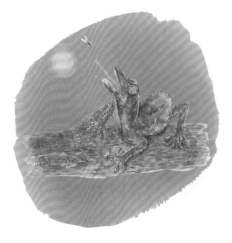

地衣叶尾守宫捕食蚊子

地衣叶尾守宫没有眼皮，只有一层透明的膜盖住眼睛，就像戴了一副眼镜。地衣叶尾守宫不会眨眼，为了看得更清楚，它经常伸出舌头舔"眼镜"。

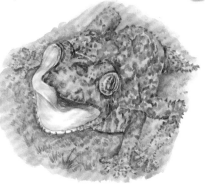

地衣叶尾守宫伸出舌头舔眼睛

21

白靴兔

下雪啦，下雪啦！到处都是白茫茫的一片，只能看到一些光秃秃的灌木丛。

可是，看啊！灌木丛后边怎么好像有几个小黑点？

因为那儿藏着一只白靴兔呀。

如果你直直地走过去，它一定会一跃而起，只留下一个一闪而过的白色影子。没办法，白靴兔就是这么酷！

像大多数兔子一样，生活在北美大陆的白靴兔也擅长奔跑。不过，相比之下，它更擅长"变色"。在冬天的时候，除了耳朵尖和眼睛之外，白靴兔全身都变得雪白雪白的；随着夏天的到来，它又渐渐变成了锈褐色，只有四肢和腹部依然夹杂些白色，好像穿着一双白色的靴子一样。

夏天时的白靴兔

大约是生活的地方太冷，再长一对大耳朵的话就太容易散热了。所以，白靴兔的耳朵要比生活在温暖地方的兔子小一些。

白靴兔的"变色"是为了更好地隐藏自己，因为有很多肉食动物，像猞猁（shē lì）、赤狐、郊狼等，都喜欢拿它们当"开胃小菜"。

猞猁捕捉白靴兔

白靴兔的后脚很长，脚底长着长长的毛，可以让它在雪地上奔跑、跳跃时不陷进雪里，同时还可以保温。据说，雪地靴就是从白靴兔那儿得到的灵感。

和绝大多数兔子一样，白靴兔也是食草动物。随着季节的不同，它们还会调整菜单，比如夏天会吃嫩草、嫩叶和花朵等；冬天则啃食各种树枝和树皮，有时候它们还会吃一些腐烂的肉，应该是为了补充营养。

冬天时，白靴兔偶尔会啃食腐烂的肉，补充营养

白靴兔长长的后脚

白靴兔妈妈一年能生四窝幼崽，每窝都有好几只小兔子。幸亏它的小宝贝都不怎么需要照顾，不然的话，白靴兔妈妈一定会累坏了。

北极狐

这儿是北极，这儿是冰天雪地的世界，这儿藏着一个雪白的家伙，你能看出它是谁吗？

它有着尖尖的下巴、小小的耳朵、机灵的眼睛、俏皮的黑鼻头以及毛茸茸的大尾巴，它就是北极狐。

北极狐的鼻尖和尾巴尖都是黑色的

北极狐

当刮起可怕的暴风雪时，北极狐会在自己的巢穴里，努力卷成球状，然后盖上自己蓬松的大尾巴。

北极狐的毛又长又软又厚，唯有这样，才可以抵抗北极地区那可怕的寒冷天气。冬天，北极狐的毛色总是雪白雪白的，和周围的冰雪几乎融为一体，这样既可以避开猎食者的眼睛，又能隐藏自己有助于捕食猎物。但它的鼻尖和尾巴尖却是黑色的，这也是北极狐的"小心机"哦，因为这样可以迷惑猎食者的眼睛，让对方在白茫茫一片中分不清哪个才是它的脑袋。

北极狐的皮毛颜色会随季节而发生变化。当天气逐渐转暖后，它们会换毛，皮毛的颜色逐渐变为青灰色，再变为棕黑色；天气一转凉，又会变成灰棕色的杂色，最后蜕变为冬天的白色。生活在北极地区的很多动物都有这个特点，比如雷鸟。

雷鸟冬天和夏天的羽色明显不同

天气转暖后，北极狐换上了"夏装"

北极狐有着很好的听力，即使旅鼠躲在厚厚的雪下挖洞，它也能听到。一旦北极狐确定了旅鼠的位置，就会跳起来，猛扑过去，抓住猎物。

北极狐会吃掉自己能找到的任何食物，比如旅鼠、北极兔、鸟、鸟蛋、鱼和浆果等。当食物充足时，它们会把吃不完的食物藏在巢穴里，以备冬天食物不足时食用。但是，当储存的食物都吃光后，它们常常会偷偷跟在北极熊后面，希望能吃到"剩饭"。

北极狐捕捉躲藏在雪中的旅鼠

老虎

天色渐渐昏暗下来，鸟儿的叫声也越来越轻，山林里开始变得安静，然而在一片祥和之中，又似乎隐藏着某种"杀气"。

"杀气"的制造者是一头老虎。它从藏身的地方悄无声息地走了出来。

老　虎

就像人类的指纹一样，在这个世界上，没有两只老虎脸上的条纹是一模一样的。调查人员借此可以判定它们的身份。

老虎锐利的门齿，排成一排，像一把刮刀，可以把骨头表面的残肉刮得干干净净，也因为这个缘故，老虎啃骨头的时候总是侧着头。

老虎的游泳技术十分高超，它们小时候就非常喜欢在水中嬉戏玩耍，长大后能连续游上五六千米，甚至还可以进行短时间的潜水。

小老虎在水中玩耍

在美美地睡了一觉之后，这只老虎准备巡视这一带的山林，然后找些食物来吃。作为"丛林之王"，周围方圆几百平方千米的地方都在它的"统治"之下。至于吃什么，就要看它抓到什么了。因为在一只老虎的菜单上，足足有200多种猎物。

现在，由于是黄昏时分，在光线和阴影交错的密林中，老虎那从头部到尾巴尖布满了的黄黑条纹，已经在不知不觉间和周围的环境融为一体。

黄昏时，老虎巡视领地

老虎啃骨头上的肉

老虎喜欢独来独往，当它占领一块领地的时候，常常会把其他所有大型食肉动物，比如狼、豺等通通赶走，这就是传说中的"占山为王"。在自然界中，作为最强的食肉动物之一，老虎几乎没有天敌。

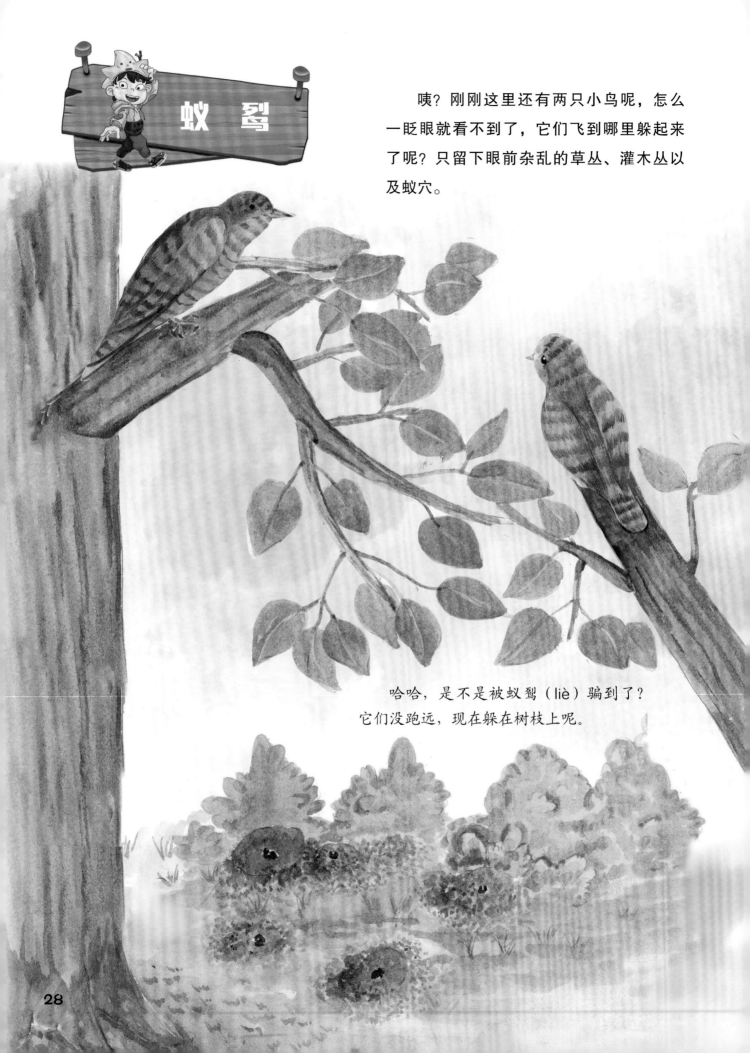

蚁䴕

咦？刚刚这里还有两只小鸟呢，怎么一眨眼就看不到了，它们飞到哪里躲起来了呢？只留下眼前杂乱的草丛、灌木丛以及蚁穴。

哈哈，是不是被蚁䴕（liè）骗到了？它们没跑远，现在躲在树枝上呢。

28

由于蚁䴕全身的羽毛呈黑褐色或灰色，上面还有很多斑点，且斑驳杂乱，因此当它在灌木丛中或地面上跳来跳去的时候，一不小心就看不见它了。很多爱吃鸟儿的坏家伙都被蚁䴕的这身"隐身衣"骗过。

蚁　䴕

蚁䴕是一种特别奇怪的啄木鸟，它不像很多同类那样，喜欢去捉藏在树干里的虫子，而是酷爱"单兵作战"地寻找蚁穴。一旦找到，便将它那有黏液的、长长的舌头伸进去，轻而易举地将蚂蚁一家老小——蚂蚁、蚂蚁卵和蛹通通黏住，拉出来吃掉。可能对蚁䴕来说，再也没有比蚂蚁更好吃的食物了吧。因此，蚁䴕又被叫作地啄木。

啄木鸟

蚁䴕有个有趣的外号叫歪脖鸟，因为它的脖子可以旋转接近180度——还能保持一段时间哦！当蚁䴕的伪装被识破、受到威胁时，就会扭动脖子，嘴巴里还会发出"嘶嘶"的声音，简直像蛇一样。

蚁䴕将长长的舌头伸进蚁穴中

蚁䴕扭动它的脖子

蚁䴕从树洞中探出头

蚁䴕对它的"住房"并不挑剔，它会住在别的啄木鸟舍弃的树洞里，或住到墙缝里，只要可以容身都可以住。

茶色蟆口鸱

这棵树上有一只货真价实的鸟，你看到它了吗？

这只贴在树干上的鸟可不是一般的鸟，它是茶色蟆（má）口鸱（chī）。

白天，当许许多多动物忙着寻找食物的时候，茶色蟆口鸱却一动不动地杵在树上，头往前伸并抬高，眼睛眯成了一条缝，再加上斑驳的灰褐色羽毛，乍一看活像一截树干。茶色蟆口鸱用这个伪装术来迷惑它的猎物和躲避天敌。

茶色蟆口鸱

茶色蟆口鸱嘴
里叼着一只飞蛾

直到夜色降临，茶色蟆口鸱才会主动出去觅食。遗憾的是，它的飞行能力一般，虽然长着一张蛤蟆一样的大嘴，杀伤力却不强，因此茶色蟆口鸱能捉到的猎物只有昆虫、蠕虫、蛞蝓（kuò yú）、蜗牛和蛙类等小动物。

茶色蟆口鸱刚从卵里孵出来的时候，就像萌哒哒的白色小绒球。随着渐渐长大，它的羽毛慢慢变灰，变成了旧抹布一样的颜色，这样便于隐藏自己。但这段时间不会很长，最后它会长成和它父母一样的颜色。

刚孵出来不久的茶色蟆口鸱

茶色蟆口鸱一家

猫头鹰捕捉老鼠

茶色蟆口鸱虽然体形和外表都很像猫头鹰，生活习性也像猫头鹰一样昼伏夜出，但它们根本不是同一个家族的。这可以从它们的食谱上看出来：猫头鹰更喜欢吃老鼠。

豆丁海马

在蔚蓝的大海里，迷你又可爱的豆丁海马总热衷于住到海扇珊瑚上。豆丁海马可不像鱼、海龟那样容易被发现，你要很认真、很认真地观察，才能找到它们噢。

这是一种很小很小的海马，即使成年之后也不到两厘米长，因此才被叫作豆丁海马。

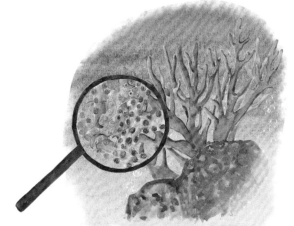

用放大镜才能找到珊瑚上的豆丁海马

豆丁海马的体色和身上的凸起与珊瑚很相似

豆丁海马总是用极其细小的尾巴攀住珊瑚的细枝，躲在上面。无论是体色，还是身上那些瘤状的凸起，豆丁海马都和真正的珊瑚没什么两样，所以它看起来如同珊瑚的一个小小的分枝一般。

豆丁海马可以随着居住的珊瑚颜色改变自己的体色和体态，还善于躲藏起来。正因为拥有这么出色的伪装术，所以一直到1969年，豆丁海马才第一次被人们无意中发现。

黄色的豆丁海马

豆丁海马喜欢躲在海扇珊瑚上，用眼睛四处查看，一旦猎物，比如那些比它还小的小鱼、小虾和浮游生物游近，豆丁海马便用管子一样的嘴巴倏（shū）地一下将猎物吸进肚子里。

豆丁海马将水蚤吸进嘴里

和其他海马一样，豆丁海马宝宝也是由爸爸"生"的。豆丁海马妈妈把卵产在爸爸的"育儿袋"里，等到小家伙们发育成熟了，豆丁海马爸爸就用尾巴卷住珊瑚的小分枝，固定住自己，然后不断地挤啊挤啊，从"育儿袋"里挤出一个个豆丁海马宝宝。

豆丁海马在海里游泳时，总是抬着头，挺直身子，摆动着背鳍，慢慢地前进。

虽然有很多和鱼儿不一样的地方，但豆丁海马也是用鳃呼吸的，是鱼类大家庭的一员。

叶海龙

在南太平洋温暖的海水里，礁石、珊瑚的附近生活着形形色色的鱼和虾，还有海葵、海星和贝类等。其中，还有罕见的叶海龙，你看到它们了吗？

叶海龙

叶海龙可不是龙，虽然这个名字听起来威风凛凛的，但实际上它们只是住在海洋里的一种鱼类，成年之后有三四十厘米长。而且，叶海龙要把自己伪装成海藻的样子才能自保。

叶海龙住在海藻丛生、干净无污染且水流缓慢的海水里。叶海龙全身上下长着一条条柔软的、像海藻叶一样的扁平附肢，头上还有很多根像细嫩海藻叶一样的须，而且末端近乎透明。当叶海龙随波逐流的时候，看起来就和海藻一模一样。

叶海龙和海马虽然长得不太像，但它们是亲戚，也都是鱼类家族的成员。

叶海龙的那些附肢只负责把它装扮成海藻的样子，至于它的游动，则由细小且近乎透明的腹鳍和臀鳍承担，这极大地限制了叶海龙的运动能力。

叶海龙的游动速度很慢。有人曾经"跟踪"过一只叶海龙，发现它一个小时才游了 150 米。

叶海龙是会吃肉的鱼，它主要吃小型甲壳类、浮游生物和一些细小的漂浮残骸，偶尔也会吃些海藻。叶海龙吃东西的时候，总是用它那管状的嘴巴将食物吸进身体里。

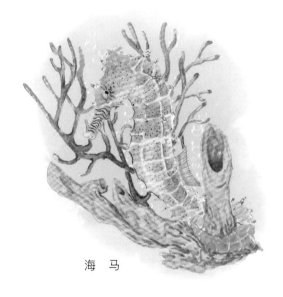
海　马

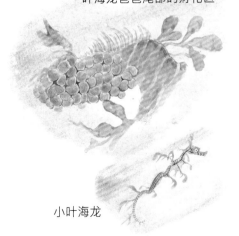
叶海龙爸爸尾部的孵化区

小叶海龙

叶海龙管状的嘴

叶海龙宝宝也是由叶海龙爸爸负责孵化的。叶海龙妈妈会把上百粒小小的卵放到叶海龙爸爸尾部的孵化区上，叶海龙爸爸从此带着孵化中的孩子们四处活动，直到孩子们孵出为止。

叶须鲨

你一定知道鲨鱼，可是你认识叶须鲨吗？它是一种模样特别怪异的鲨鱼，当它匍匐在海床上时，几乎看不到，这一点和很多鲨鱼都不一样。找找看，它在哪里？

叶须鲨

在热带和亚热带温暖的海域里，生活着的叶须鲨，它可是一位不折不扣的"伪装大师"。

叶须鲨的身体又扁又平又宽，头的边缘长着茂密的触须，看起来就像一大蓬乱糟糟的海草。叶须鲨的体色大多是黄褐色的，身上还有很多花哨的斑点。当它趴在海底的沙地上，看起来就像一块大地毯，因此有人叫它地毯鲨。

当叶须鲨趴在周围有海草和礁石的海底时，就像隐身了一样。白天，它默默地趴在海床上休息或等待猎物经过，进行伏击。

海洋中的鱼儿大多很警觉，知道哪儿可能有危险，但叶须鲨自有办法。

叶须鲨的尾巴上有黑色的"眼斑"，当它轻轻摇动着尾巴时，就像一条小鱼在游动，以此来吸引那些偶尔放松警惕的鱼儿上钩。

叶须鲨摇动着尾巴，吸引其他小鱼前来

叶须鲨喜欢白天伏击猎物，晚上游出来主动捕猎，它嘴边的那些触须能帮助它感知猎物。

叶须鲨一般不会袭击人，可是如果人类干扰到它的生活，它也会主动出击。叶须鲨的牙齿又小又尖，如果被咬到可不好受呢。

叶须鲨又小又尖的牙齿

叶须鲨是卵胎生的。叶须鲨妈妈会把卵保存在体内，直到小叶须鲨孵出来为止。叶须鲨妈妈一次可以生大概20个小家伙，这些小家伙刚出生时只有大约20厘米长。

比目鱼

海洋里生活着很多很多善于隐身的家伙，比如，海底的这片区域就藏着一个隐身的高手。它在等待着猎物自动送到嘴边。你能看出来吗？

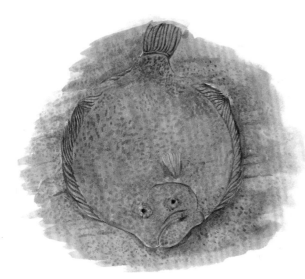

躺在海底的比目鱼

如果你发现了那对特别的小眼睛，就很可能认出它啦。没错，它就是比目鱼。

比目鱼的身体就像一个扁平的碟子。平时，它总是平平地躺在海底，身上覆盖着沙子，露出的体表几乎和自己待的地方一模一样，而贴在海床上的那一侧则是苍白的。

比目鱼身体两侧的颜色差异很大

比目鱼最奇怪的地方就是，它的两个眼睛长在了身体的同一侧，是不是很神奇。

比目鱼的两个眼睛长在身体的同一侧

比目鱼喜欢静静地待在海底，等待着一些蠕虫和贝类经过，然后一跃而起，争取一口吞下！

比目鱼其实是一个鱼类大家族的统称，这个大家族的名字叫鲽（dié）形目，这个家族中的成员众多，大小、模样和习性并不完全相同。

除了隐身的本领，有些比目鱼还进化出了新本领，比如有的身上长满了斑点，可以迷惑天敌，有的会用皮肤上的毒素来攻击敌人。

比目鱼刚从卵里孵出来的时候，看上去和其他鱼没什么两样，两只眼睛对称地长在头的两侧，也常常在水面附近游来游去。

随着慢慢长大，比目鱼的身体开始渐渐变得不对称，一只眼睛也开始越过头顶慢慢向另一只眼睛靠近，直到两眼接近时才会停止。这时候的比目鱼，大多数时间平卧在海底，但它依然会游泳哦。

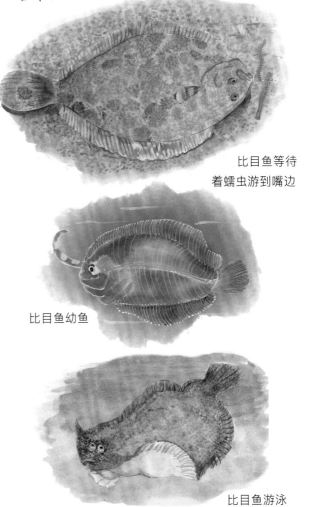

比目鱼等待着蠕虫游到嘴边

比目鱼幼鱼

比目鱼游泳